"Schiffe gebaut vor 1970", Teil 1

Peter Thede

"Schiffe gebaut vor 1970", Teil 1

Bibliografische Information der Deutschen Nationalbibliothek:
Die Deutsche Nationalbibliothek verzeichnet diese Publikation in der Deutschen
Nationalbibliografie; detaillierte bibliografische Daten sind im Internet
über http://dnb.d-nb.de abrufbar

© 2012

Herstellung und Verlag: BoD - Books on Demand GmbH, Norderstedt

ISBN: 9783848221301

Auf vierzig bebilderten Seiten möchte ich verschiedene Schiffe vorstellen und in Erinnerung bringen und behalten, welche vor dem Jahr 1970 gebaut wurden.

Warum eigentlich vor 1970, ganz einfach, diese formschönen Schiffe werden in unseren norddeutschen Region immer weniger.

Ferner haben diese Schiffe in Europa viel Ladung transportiert und mit dazu beigetragen, dass es nach dem Krieg wirtschaftlich gut voran ging.
Es sind digitale und zum Teil eingescannte Bilder, die ich fotografierte und in schwarzweiss Foto's umgewandelt habe. Hierbei handelt es sich nicht speziell um eine ganz bestimmte Art von Schiffen, wie zum Beispiel nur Frachter, sondern einfach alles, was mir vor die Linse tuckerte.
Ein paar Daten über die Schiffe und etwas Geschichtliches dazu, macht diesen Bildband interessant.

"Es soll kein Fachbuch sein, sondern ein einfacher Bildband über Schiffe aus dem vergangenen Jahrhundert und die während meiner Seefahrtzeit meinen Kurs immer wieder kreuzten",
so der Autor Peter Thede.

Auf der vorherigen Seite zwei Bilder aus alten Tagen am Nord-Ostsee Kanal in Rendsburg.

Die "Anja Funk", aktuell gelisteter Name "Tukas",
Flagge Angola.
IMO 6405264
Gebaut 1963 auf der Janssen Schiffswerft in Leer als "Ilona".
Damalig mit 210 BRT vermessen und
heute BRZ 530 mit 560 Ladetonnen.
Länge 47,80m, Breite 8,75m.
Auf dem Bild passiert die "Anja Funk" den kleinen Kanalhafen Hochdonn.

Die "Amazone" ist vom Schiffstyp ein See-Ewer oder auch Plattbodenschiff. Sie wurde 1909 bei Hannes Jakobs in Moorrege gebaut. Sie ist 24,69m lang und ihre Gesamtlänge ist 33,50m. Ihre Schiffsbreite beträgt 5,36m und der Tiefgang liegt zwischen 1,40 bis 3,50m. Die Bruttoraumzahl beträgt 73 BRZ und die "Amazone" hat eine Segelfläche von 290qm.

Der Chemikalientanker "Amaranth" ist mittlerweile auch aus hiesigen Revieren verschwunden.
Gebaut wurde das Schiff als "Chemical Sprinter" 1969 auf der Kremer-Werft in Elmshorn.
Ihr letzter Schiffsname lautete "RTS Varot".
IMO 6930336
BRZ 1726, 2545 Ladetonnen, 91,00m, 13,00m, 5,70m.

Leider gibt es die Kremer-Werft, die ja bekanntlich an der Krückau ihren Standort hatte, nicht mehr.

In der Lotsensprache werden diese russischen See/Binnenschiffe wie die "Agna","lange Schwadde" genannt. Ausserdem sind diese Schiffe bei den Elblotsen nicht so beliebt. Denn wenn solche Schiffe gegen den Strom fahren, kann es zu Höchstgeschwindigkeiten kommen, dass sogar manch kleines Segelböötchen schneller ist.
IMO6919057.
Sie wurde 1967 auf der Yantar Schiffswerft in Kaliningrad, als "Baltiyskiy 68" gebaut.
BRZ 1995, 2536 Ladetonnen, Länge 96,00m, Breite 13,00m, Tiefgang 3,30m

Dem Saugbagger "Akke" sieht man es nicht an, dass das Schiff
1943 auf der Gute-Hoffnungs-Hütte in Duisburg
am Rhein, als "BP 47" gebaut wurde.
Später hiesst sie "Brokdorf".

IMO 8842064
Also schon eine sehr betagte Dame, die heute noch in
küstennahen Gebieten der Elbe, Weser und Ems
immer noch fleissig am baggern ist.

Auf dem Foto im Vorhafen von Büsum.

Ein bekanntes Schiff aus alten Tagen ist der Sietasbau "Alva" (Saint Vincent & Grenadines).

IMO 6808090
Sie wurde 1968 als "Nincop" gebaut.

Spätere Namen bis heute "Windo", "Mjovik", "Windo", "Hannes D".
Sie ist 68,00m x 10,00m x 4,40m groß.
BRZ 1037 und 1335 Ladetonnen.

Ein sehr seltener Nord-Ostsee-Kanalbesucher ist
der englische Schlepper "Alexandra",
hier im Bild mit Schleppanhang
fuhr sie damals in Richtung Ostsee.

IMO 5418630

Gebaut wurde der Schlepper "Alexandra"
1963 bei Yarwood & Sons im englischen Northwich.

"Celtikcioglu14", hinter diesem türkischen
Schiffsnamen verbirgt sich die 1969 gebaute,
ehemalige "Baltic Concord", "Elke Kahrs", "Cosmea", "Stefanie",
"Beate", sowie "Pinar Atun".

Auf dem Bild passierte 2002 sie abgeladen den
Nord-Ostsee Kanal in Richtung Ostsee.
IMO 6900715

Die kleine "Annemarie" ist immer noch emsig am fahren. Leider nicht auf ganz grosser Fahrt, sondern meist nur als Inselversorger zwischen der Hallig Hooge und Schlüttsiel. Auf dem Bild liegt die "Annemarie" zum Überwintern in Husum. Gebaut wurde der Motorewer 1914 bei J. Jakobs in Moorrege an der Pinnau, als "Hermine".
GT 132
Damals kostete der Neubau 7500 Reichsmark, das war damals sehr viel Geld.

Ein tolles Schiff war die "Arend" (auf dem Bild in Antwerpen) der Reederei Arend Brügge KG in Hamburg. Sie war auch mein letztes Schiff, auf dem ich viele Stürme abgeritten habe. Im belgischen Gent sah ich sie das letzte mal, heute fährt sie wohl noch in der Karibik. Das Unterscheidungssignal lautete damals DALV, sie hatte 424 BRT, 1055 Ladetonnen und 600 PS. IMO 6620864. Gebaut 1966 auf der Sietas-Werft, Länge über alles 61,17m, 57,98m x 10,51m x 3.98m. Ihr letzter bekannter Name lautet "Gladiator II" und sie führt die Flagge Sao Tome & Principe.

Manchmal muss man tief in die Mottenkiste greifen.
Mit dem Tankschiff "Ocean Trader",
später "Bomin II" habe ich ein Schätzchen
in meiner Fotokiste aus Anfangszeiten gefunden.
Schnell eingescannt und nachbearbeitet, so denke ich,
sieht das Foto doch ganz manierlich aus.
Gebaut 1958 bei Nederlandse Scheepsbouw
in Amsterdam.
IMO 5011638
GT 12202 und 18543 Ladetonnen.
Ihre ex-Namen waren "Alkmaar", "Ocean Trader",
"Bomin II" und "Bomin Wilhelmshaven".

Die beiden kleinen Küstenschiffe "Hol Di Ran" und
"Käpp`n Brass" im Doppelpack im Hafen von Stralsund.
Die Aufnahme entstand 2003. Die "Hol Di Ran" (IMO 7022007)
ist oder war ein Tanker des Rostocker Bugsierablegers
BBB Schlepp- und Hafendienst GmbH. Sie wurde 1957
auf der Thälmann-Werft in Brandenburg gebaut.
Das Schiff hatte 150 Ladetonnen.
Die "Käpp`n Brass" (IMO 7022019), auf dem Bild
aussen liegend, ist oder war ein Frachtschiff, gebaut 1956.
Es gehört/e ebenfalls zur oben genannten Rostocker Reederei.

Ein Passagierschiff mit einer traurigen Geschichte.
Die heutige "Athena" lief als "Stockholm" am
9.September 1946 bei den schwedischen Götaverken in
Göteborg vom Stapel. Schlagzeilen machte das Passagierschiff
am 25.Juli 1956 auf dem Atlantik, als sie mit der doppelt so
großen italienischen "Andrea Doria" kollidierte.
Dabei kamen damals 51 Menschen ums Leben.
Die "Athena" hatte folgende Namen : "Stockholm",
"Völkerfreundschaft", "Volker", "Fridtjof Nansen",
"Surriento", "Italia I", "Italia Prima", "Valtur Prima"
und "Caribe".

Der polnische Schlepper "Atlas II" passiert den Nord-Ostsee Kanal in Richtung Ostsee.
Gebaut wurde der Schlepper 1966 bei Svendborg Skibsvaerft & Maskinbyggeri im dänischen Svendborg.
IMO 6611071
Länge 28,00m x Breite 8,00m x Tiefgang 3,80m.

Die nächste Seite zeigt die "Hannelore".
Das Küstenmotorschiff
ist immer noch fleissig in der Nord-und Ostsee
unterwegs.
Gebaut wurde die "Hannelore" 1965 auf
der Flensburger Schiffbau-Werft.
Sie ist 55,00m lang, 9,00m breit, sowie 2,60m tief.

Dieser kleine Kümo "Volo" (im Nord-Ostsee Kanal)
wurde 1957 auf der Mützelfeldt-Werft in Cuxhaven
als "Welf" gebaut.
IMO 5387350
Spätere Namen waren "Ulsnaes", "Lars Bagger".
Aktuell soll das Schiff "Gracia II" heissen und unter
der Flagge Togo fahren. GT 326 und 479 Ladetonnen.

Die "Johann Kolb" auf der Elbe.
Wahrscheinlich eine der letzten Aufnahmen dieses Schiffes, bevor es am 12.November 1974 auf der Reise von Schweden nach Lübeck bei schwerem Sturm, nach übergehender Ladung vor Gotland unterging.
IMO 5420607, GT 499 und 679 Ladetonnen
Gebaut wurde die "Johann Kolb" 1955 auf der Rendsburger Nobiskrug-Werft,
als "Detlef Schmidt".

Die zwei Bilder auf dieser Seite zeigen
die "Adele Raap" im Hafenbereich von Uetersen
und
darunter der Uetersener-Mooreger Holzhafen.

Die "Charlotte", auf dem Bild im Husumer Hafen. Aktuell fährt sie unter der Flagge Bolivien, als "Ana Mia" im südamerikanischen Raum.
Sie wurde als "Tweed" 1969 auf der Neuenfelder Sietas-Werft gebaut. Im Laufe ihres Schiffslebens erhielt sie folgende Namen : "Hinrich Behrmann", "Charlotte", "Charlot" und "Alejandra Sea".
IMO 6913285
Die "Charlotte" hat 1477 Ladetonnen bei einer Vermessung von 1440 GT.

Der Chemikalien-und Produktentanker "Bellona"
(aktuell führt sie die Flagge Bulgariens) ist auch in
unseren Regionen nicht mehr zu Hause. Ihr Revier
ist das Schwarze Meer. Gebaut 1965 auf der Oskarshamnsvarvet im
schwedischen Oskarshamn
als "Stella Atlantic".
IMO 6514376
GT 2366 und 3794 Ladetonnen,
87,00m x 13,00m x 5,80m.

Die "Ursula B" ist ein weiterer Vertreter der sechziger Jahre, welcher leider 2010/2011 verschrottet wurde. Gebaut wurde der Frachter 1964 als "Heinrich Knüppel", spätere "Eduard Kähler" und "Neuenfelde" auf der Neuenfelder Sietas-Werft. Sie wurde nochmals in "Ursula B" umbenannt und diente in Stralsund als Theaterschiff. Das war auch ihre letzte Aufgabe. Die Aufnahme entstand 2003. Ihre letzte Reise ging von Stralsund nach Rostock im Schlepp, dort wurde sie abgebrochen.
IMO 6505466
GT 1011, 1185 Ladetonnen

Die schwedische "Bellevue" ist für ältere Kieler eine gute alte Bekannte.
Gebaut wurde das ehemalige Fördeschiff 1961 auf der Kröger-Werft in Schacht-Audorf. Heute noch ist die "Bellevue" auf dem Göta-Kanal unterwegs.
Auf dem Bild verlässt sie die Schleuse von Sjötorp, nördlich von Mariestad.
IMO 5039977
Ihre Abmessungen : 33,57m x 6,70m x 1,34m.
Ihre Schwesterschiffe zur Fördezeit waren damals "Möltenort", "Laboe" und "Falckenstein".

Gebaut 1966 bei der STX Finland Turku im finnischen Turku/Abo und immer noch im Dienst. Die "Morskoy-1" auf der Elbe. IMO 6617453. GT 1595, 2522 Ladetonnen, 87,93m x 12,24m x 4,00m. Der Frachter ist im fernen russischen Astrakhan beheimatet. Mittlerweile hat die "Morskoy-1" keine Deckskrane mehr an Bord.

Der russische See/Binnenfrachter "Baltiyskiy-11"
auf der Elbe.
Gebaut 1963 auf der russischen Yantar Schiffswerft
in Kaliningrad.
Im Oktober 1996 ging ihre letzte Reise als "Tramp"
zum Abbruch ins türkischen Aliaga.
IMO 6703599
GT 1865 und 2121 Ladetonnen

Der Segelklipper "Verandering" auf der Eider bei Nordfeld. Sie gehört der Bremischen Evangelischen Kirche und wurde 1898 in den Niederlanden gebaut. Die "Verandering" ist getakelt als Gaffelketch und der Rumpf hat einen Plattboden. Länge 25,00m, Breite 5,25m, sowie einen Tiefgang von 1,00m, allerdings 4,50m mit Schwertern. In den Wintermonaten liegt der Klipper im Museumshafen von Bremen-Vegesack.

Der Dampf-Eisbrecher "Wal" wurde 1938 auf den Stettiner Oderwerken im heutigen polnischen Szczezin gebaut. Sie war für Eisbrechereinsätze auf dem Nord-Ostsee Kanal in Dienst gestellt und in Rendsburg stationiert.
In den sechziger Jahren wurde die Hauptmaschine des Eisbrechers von Kohlebefeuerung auf Öl umgestellt.
1990 wurde die "Wal" ausgemustert und bekam ihren Platz im Museumshafen von Bremerhaven.
Die Aufnahme entstand im Hafen von Helgoland.

1958 lief auf der Lühring-Werft in Brake die "Weser" vom Stapel. Spätere Namen waren "Baltica", "Drochtersen", "Beta" und eben "Arngast".
Leider ist dieser schöne Kümo auch nicht mehr in unseren Gewässern. Aktuell heisst sie "Pola I" und ihr Revier ist die Karibik. Obwohl es in der Karibik schön ist, hat die ehemalige "Arngast" mittlerweile ihren Glanz verloren.
IMO 5387740
Länge 61,00m, Breite 10,00m, Tiefgang 3,60m
GT 833 und 1030 Ladetonnen

Im Jahre 1942 gab die deutsche Kriegsmarine 1072 Kriegsfischkutter (KFK) i Auftrag. Das war damals der größte Schiffbau-Serienauftrag der deutschen Seefahrtsgeschichte. Alle diese Kutter wurden nach Zahlen benannt, von KFK 1 bis KFK 1072. Die Nummer 213 ist die heutige "Atlantic", die bei der Burmester Bootswerft im damaligen Swinemünde vom Stapel lief. Sie ist ein Langkieler und eine Zweimast-Ketch, mit 24,80m Läng 6,20m Breite und einem Tiefgang von 2,60m.

Der Lotsenschoner "Elbe 5" ist eine Augenweide für jeden Seefahrt-Nostalgiker.
1883 gebaut auf der Werft H.C. Stülcken in Hamburg-Steinwerder.
Der Schoner hat eine lange, interessante Geschichte. So durfte die "Elbe 5", mehrfach den Atlantik überqueren, das Kap Hoorn umrunden und auch Tahiti besuchen.
Sie blieb viele Jahre an der pazifischen US-Küste, bis sie 2002 an Bord eines Frachters nach Hamburg zurückkehrte. Ihre Abmessungen 37,00m lang, 6,00m breit, mit einem Tiefgang von 3,00m.

Die "Victor Jara" ist ein hochseetüchtiger, schonergetakelter Haikutter, die als besegeltes Fischereifahrzeug 1917 im dänischen Skive gebaut wurde.
Sie wurde bis 1970 als Fischereifahrzeug genutzt, später zum Traditionssegler umgebaut.

Ihre Länge über alles beträgt 23,65m, sie ist 4,55m breit und hat einen Tiefgang von 2,20m. Ihr Fahrtgebiet in den Sommermonaten ist die Nord-und Ostsee, sowie auch der Seebereich um England und Irland.

Für die nächste Hochseeangelsaison wird die "Blauort" hoch auf dem Trockenen fit gemacht. Auf dem Bild ist sie in Büsum auf der Schiffshebebühne bei der Marscheider Reparaturwerft. Neuer Anstrich und die Klasse (TÜV) war wieder einmal nötig. Trotz ihres Alters, 1967 gebaut, fährt die "Blauort" immer noch fleissig die Hochseeangelgäste zu den Angelgründen in Nord-und Ostsee hinaus.
Der Hochseekutter ist 24,00m x 6,00m x 3,20m.
Die 600 PS starke Maschine bringt den Kutter auf eine Geschwindigkeit von 11 Knoten.

Das kleine Tankschiff oder auch Bunkerboot "Dagmar" (hier im Nord-Ostsee Kanal) beliefert
und versorgt, trotz ihres hohen Alters von
knapp 50 Jahren, immer noch fleissig die Schiffe
mit Kraftstoff und Wasser.
Gebaut 1964 auf der Jöhnk-Werft
in Hamburg-Harburg.
IMO 883748
GT 309 und 451 Ladetonnen, sie ist 50,00m lang,
sowie 7,00m breit und hat einen Tiefgang von 2,50m.

Die ehemalige Hamburger HADAG-Fähre passiert Fischerhütte auf dem Weg nach St.Petersburg/Russland. Sie wurde dorthin verkauft und ist im russischen Krohnstadt beheimatet. Lange gehörte sie zum Hamburger Hafenbild. Ich selbst bin oft während meiner Seefahrtschulzeit in Finkenwerder mit ihr gefahren. Mit dem Verkauf der ehemaligen Fähre ist wieder ein Stück Hamburger Geschichte zu Ende gegangen.